BEI GRIN MACHT SICH IHR WISSEN BEZAHLT

- Wir veröffentlichen Ihre Hausarbeit,
  Bachelor- und Masterarbeit

- Ihr eigenes eBook und Buch -
  weltweit in allen wichtigen Shops

- Verdienen Sie an jedem Verkauf

Jetzt bei www.GRIN.com hochladen und kostenlos publizieren

Bibliografische Information der Deutschen Nationalbibliothek:

Die Deutsche Bibliothek verzeichnet diese Publikation in der Deutschen National-bibliografie; detaillierte bibliografische Daten sind im Internet über http://dnb.d-nb.de/ abrufbar.

Impressum:

Copyright © 2017 GRIN Verlag, Open Publishing GmbH
Druck und Bindung: Books on Demand GmbH, Norderstedt Germany
ISBN: 9783668529151

Simon Landmesser

Aus der Reihe: e-fellows.net stipendiaten-wissen

e-fellows.net (Hrsg.)

Band 2542

Predictive Policing in Deutschland. Wahrscheinlichkeitsrechnung in der Polizeiarbeit

GRIN Verlag

GRIN - Your knowledge has value

Der GRIN Verlag publiziert seit 1998 wissenschaftliche Arbeiten von Studenten, Hochschullehrern und anderen Akademikern als eBook und gedrucktes Buch. Die Verlagswebsite www.grin.com ist die ideale Plattform zur Veröffentlichung von Hausarbeiten, Abschlussarbeiten, wissenschaftlichen Aufsätzen, Dissertationen und Fachbüchern.

Besuchen Sie uns im Internet:

http://www.grin.com/

http://www.facebook.com/grincom

http://www.twitter.com/grin_com

Hausarbeit an der Universität Kassel zum Thema

Predictive Policing als Instrument der operativen Planung in der Polizei

Verfasser: Simon Landmesser

GLIEDERUNG

1. Einleitung

Im Jahr 2011 wurde Predictive Policing vom Time Magazine als eine der 50 besten Erfindungen des Jahres genannt (Friend 2013). Predictive Policing wird durch die Polizei genutzt, um effizienter gegen Kriminalität vorzugehen. Dabei liefern computergestützte Algorithmen Wahrscheinlichkeitswerte, wann und wo Straftaten begangen werden könnten. Den Zweck des Einsatzes von Predictive Policing beschreibt Charlie Beck, der aktuelle Polizeichef von Los Angeles, folgendermaßen: „I'm not going to get more money. I'm not going to get more cops. I have to be better at using what I have, and that's what predictive policing is about…" (Pease/Tesloni 2014: 27)

Predictive Policing eilt ein überaus positiver Ruf voraus. So sollen die Kriminalitätszahlen in Los Angeles durch den Einsatz von Predictive Policing um 20% in nur einem Jahr gesenkt worden sein (PredPol 2017). Vor dem Hintergrund der steigenden Einbruchskriminalität der letzten Jahre setzen auch immer mehr Polizeien in Deutschland auf Predictive Policing. So wird beispielsweise in Bayern die Software PRECOBS mittlerweile in einigen Regionen fest eingesetzt (Schweer 2017a), in vielen anderen Bundesländern werden Pilotprojekte mit eigener oder eingekaufter Software durchgeführt (siehe Kapitel 2.2).

Trotz des weitgehenden operativen Einsatzes, gestaltet sich die Suche nach wissenschaftlichen Studien, die die Wirksamkeit von Predictive Policing bestätigen, problematisch. Der Großteil der Literatur zum Thema findet sich im englischsprachigen Raum. In Deutschland ist der Einsatz von Predictive Policing noch vergleichsweise jung. Vor diesem Hintergrund stellt sich die Forschungsfrage, wie sinnvoll der Einsatz von Predictive Policing zur operativen Planung in der deutschen Polizei ist. Um diese Frage zu beantworten, wird im Rahmen der Arbeit zunächst Predictive Policing definiert und die aktuelle Situation in Deutschland analysiert. Im Anschluss wird differenziert, inwieweit Predictive Policing dem Bereich des Controllings zuzuordnen ist. Das Potential und die Grenzen von Predictive Policing werden untersucht, um die Anwendungsmöglichkeiten in Deutschland eingrenzen zu können. Der aktuelle Stand der Forschungen auf dem Gebiet wird vorgestellt und anschließend erarbeitet, wie eine Evaluation der Genauigkeit eines Predictive Policing-Instruments und eine sich anschließende Wirkungsevaluation durchgeführt werden könnten. Die Arbeit schließt mit einem Fazit.

2. Predictive Policing

2.1 Begriffsbestimmung

Der Begriff des Predictive Policing kann übersetzt werden als „vorausschauende Polizeiarbeit". Da die Methode des Predictive Policing ursprünglich aus den USA kommt und der Begriff auch vielfach in Deutschland gängiger Sprachgebrauch ist (so z.b.: Christiansen 2015; Montag 2016), wird im Rahmen dieser Arbeit der englische Begriff verwendet.

Unter Predictive Policing wird eine Methode verstanden, bei der mittels Software größere quantitative Datenmengen ausgewertet werden, um besonders kriminalitätsgefährdete Gebiete oder Objekte zu lokalisieren und polizeiliches Handeln danach auszurichten (Chaszczewski 2015: 10). Die Bundesregierung definiert Predictive Policing treffend folgendermaßen: „Allgemein lässt sich sagen, dass es sich [bei Predictive Policing] um einen mathematisch-statistischen Ansatz handelt, der unter Nutzung von anonymen Falldaten und unter Annahme kriminologischer Theorien, wie beispielsweise dem Near-Repeat-Ansatz, Wahrscheinlichkeiten für eine weitere (gleichgelagerte) Straftat in einem abgegrenzten geografischen Raum in unmittelbarer zeitlicher Nähe (max. sieben Tage) berechnet." (Deutscher Bundestag 2015: 3). Die erwähnte Near-Repeat-Hypothese nimmt an, dass nach einer Tat die Wahrscheinlichkeit einer weiteren Tatbegehung in der Nähe des ersten Tatortes eklatant höher ist. Die Wahrscheinlichkeit ist dabei kurz nach Tatbegehung besonders hoch und nimmt mit der Zeit ab (Bowers/Johnson 2004: 1; Wells/Wu 2011: 2). Anhand der Ergebnisse der Auswertung kann die Polizei ihr einsatztaktisches Vorgehen ausrichten und sowohl präventiv, als auch repressiv tätig werden.

Unter einem Predictive Policing-Instrument wird in der weiteren Folge die Auswertungssoftware verstanden, die die Wahrscheinlichkeitswerte für das Eintreten einer Straftat berechnet. Dabei kann es sich bei der Software sowohl um staatliche Eigenentwicklungen, als auch um Fremdsoftware handeln.

2.2 Anwendung in Deutschland

In Deutschland findet die Methode bislang ausschließlich im Zusammenhang mit Einbruchskriminalität Anwendung. Folgende Software wird aktuell eingesetzt oder befindet sich in einem Pilotprojekt:

- PRECOBS (Pre Crime Observation Service) in Stuttgart, Karlsruhe, München und der Region Mittelfranken (Schweer 2017a; Schweer 2017b);

- SKALA (System zur Kriminalitätsanalyse und Lageantizipation) in Bonn, Düsseldorf, Köln, Essen, Gelsenkirchen und Duisburg (Ministerium für Inneres und Kommunales des Landes Nordrhein-Westfalen 2017);

- KrimPro (Kriminalitätsprognose) in Berlin (Der Polizeipräsident in Berlin 2016);

- PreMAP (Predictive Mobile Analytics for the Police) in Braunschweig (Niedersächsisches Ministerium für Inneres und Sport 2016);

- KLB-operativ (Kriminalitätslagebild operativ) in den Polizeidirektionen Wiesbaden, Main-Taunus, Main-Kinzig und Darmstadt-Dieburg (Hessisches Ministerium des Innern und für Sport 2016).

Die Vielfalt der unterschiedlichen Programme die zum Einsatz kommen, ist Ausdruck der föderalen Struktur und fehlender Erfahrung mit den Instrumenten in Deutschland. Das Potential von Predictive Policing haben bereits mehrere Bundesländer erkannt. Da polizeiliche Aufgaben in der Zuständigkeit der Länder liegen, führen die Bundesländer bislang selbstständig Pilotprojekte im Zusammenhang mit Predictive Policing durch oder haben Programme bereits in den jeweiligen polizeilichen Alltag eingeführt. Kooperationen oder bundesweite Initiativen zur Vereinheitlichung sind bisher nicht zu erkennen. Dies ist eher kritisch zu bewerten, denn Kriminalität macht nicht vor (Länder-)Grenzen Halt. Der nur punktuelle Einsatz von Predictive Policing wird im Erfolgsfall höchstwahrscheinlich zu einem Verdrängungseffekt führen. Sinkende Kriminalitätszahlen in einer Region Deutschlands würden dann zu steigenden Zahlen in anderen Regionen führen. Diesem Effekt könnte nur durch eine bundesweite Vernetzung und Anwendung entgegengewirkt werden.

2.3 Predictive Policing als Controlling-Aufgabe

In der Aufbauorganisation einer Polizeibehörde könnte man Predictive Policing auf den ersten Blick dem Bereich ‚Einsatz' zuordnen. Tatsächlich kann Predictive Policing zu erheblichem Einfluss auf die Einsatzplanung führen. Wie mit den Ergebnissen einer Predictive Policing-Analyse einsatztaktisch umgegangen wird, ist zweifelsfrei dem operativen Bereich zu überlassen. Dass Predictive Policing dennoch zu großen Teilen zu den Aufgaben des Controllings gehört, soll im Folgenden näher erläutert werden.

„Controlling ist ein funktionsübergreifendes Steuerungsinstrument, das den unternehmerischen Entscheidungs- und Steuerungsprozess durch zielgerichtete Informationener- und -verarbeitung unterstützt." (Preißler 2014: 2). Innerhalb des Controllings kann unterschieden werden zwischen operativen und strategischen Controlling. Strategisches Controlling hat eine längerfristige Planung über mehrere Jahre hinweg zum Ziel, während die Planung beim operativen Controlling eher gegenwartsorientiert ist und in der Regel nicht weit über ein Jahr hinausgeht (ebd.: 4f.).

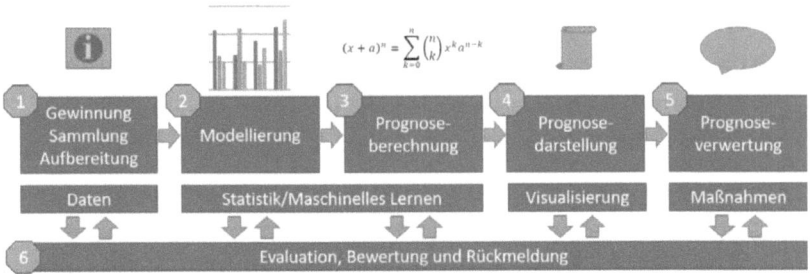

Abbildung 1: Predictive Policing-Prozess (nach Bode et al. 2017: 2).

Der Predictive Policing-Prozess ist in Abbildung 1 dargestellt. Im ersten Schritt werden zunächst zielgerichtet Daten gewonnen, gesammelt und aufbereitet. Erhoben werden Daten zu begangenen Straftaten, wie beispielsweise Tatort, Tatzeit oder Modus operandi (Shapiro 2017: 459). Es können aber noch viel weitergehender Daten einbezogen werden, wie beispielsweise die Wettervorhersage, die Bebauungsart (Montag 2016: 4) oder Daten aus sozialen Netzwerken wie Facebook oder Twitter (ebd.: 3; Seele 2017: 676)[1]. In einem zweiten und dritten Schritt werden diese Daten ausgewertet und eine Prognose erstellt. Diese Daten dienen dem weiteren Steuerungsprozess. Diese ersten drei Schritte sind nach obiger Definition zweifelsfrei dem Bereich des Controllings zuzuordnen. Da es sich um gegenwarts- und vergangenheitsbezogene Daten handelt und nur sehr kurzfristige Planungen von wenigen Tagen möglich sind, handelt es sich um operatives Controlling.

Die gewonnenen Daten werden dann in einem vierten Schritt visualisiert, um im letzten Schritt auf der Prognose basierende Maßnahmen zu treffen. Der vierte Schritt stellt dabei die Schnittstelle zwischen Controller und Einsatztaktiker dar. Der Schritt der

---

[1] Die Verarbeitung von Daten aus sozialen Netzwerken kommt in Deutschland wegen datenschutzrechtlicher Hürden bislang nicht zum Einsatz (vgl. Kapitel 3.2).

Prognoseverwertung ist zwar weiterhin Teil von Predictive Policing, jedoch keine Controlling-Aufgabe.

3. Möglichkeiten und Grenzen

3.1 Potential von Predictive Policing

Predictive Policing in der heutigen Form wurde erstmals 1994 durch den damaligen New Yorker Polizeichef unter dem Namen „COMPSTAT" eingeführt. Zum damaligen Zeitpunkt befand sich die Kriminalität in New York auf einem Höchststand (Bratton/Malinowski 2008: 260f.). Noch bevor Bratton Polizeichef wurde, wurde die Aufgabe der New Yorker Polizei darin gesehen, reaktiv auf Kriminalität zu reagieren, statt diese proaktiv zu verhindern: „For most of the period of the 1960s to the 1990s, many of the most influential politicians, researchers, the media and even some well-intentioned police leaders sought to limit the role of the police to first responders rather than that of first preventers." (ebd.: 261). Dass zu guter Polizeiarbeit auch und insbesondere die Verhinderung von Straftaten gehört, dürfte aus heutiger Sicht unstrittig sein. Was damals revolutionär war, ist der Einsatz von Predictive Policing. Durch die Berechnung von Wahrscheinlichkeiten zu bestimmten Deliktsfeldern wurde der Einsatz der Polizeibeamten gezielt gesteuert.

Laut Aussage von Bratton konnte die Kriminalität in New York durch die Einführung von COMPSTAT, gepaart mit einer Nulltoleranz-Politik, von 1993 bis 1998 erheblich gesenkt werden. Die Zahl der Einbrüche ging um 53% zurück, 54% weniger Raubdelikte wurden erfasst und die Anzahl an Morden reduzierte sich um 67% (ebd.). Diese Zahlen zeigen deutlich das enorme Potential von Predictive Policing auf. Dass diese jedoch nicht unreflektiert als alleiniger Erfolg von Predictive Policing gesehen werden können, wird an späterer Stelle nochmals erläutert (vgl. Kapitel 4.3).

In Deutschland wird Predictive Policing bislang nur für den Deliktsbereich der Einbruchskriminalität angewandt (Montag 2016: 3). Die Anwendungsmöglichkeiten gehen jedoch viel weiter. So könnte auch bei anderen Deliktsfeldern im Bereich der Eigentums- und Gewaltkriminalität, bei denen die Near Repeat-Hypothese anwendbar ist, Predictive Policing zum Einsatz kommen. In Deutschland wird derzeit über „eine Ausweitung der Programme auch auf Kfz- und Taschendiebstahl" (ebd.: 4) diskutiert. Weitere Ansätze beziehen sich nicht auf Wahrscheinlichkeiten von Tatort und Tatzeit, sondern auf die

Wahrscheinlichkeit, ob und wann eine bestimmte Person Täter oder Opfer einer Straftat wird, dem sogenannten personenbezogenen Predictive Policing (Saunders et al. 2016: 347-349). In diesen Fällen könnte frühzeitig Präventionsarbeit geleistet werden, beispielsweise durch Gefährderansprachen oder Überwachungsmaßnahmen.

3.2 Grenzen

Eine sehr häufige, aber nicht zu unterschätzende Grenze von Predictive Policing sind die rechtlichen Rahmenbedingungen. Die Polizei ist an Recht und Gesetz gebunden. Sie unterliegt einerseits dem Vorrang des Gesetzes, darf also nicht entgegen geltendem Recht handeln. Andererseits gilt auch der Vorbehalt des Gesetzes, sie darf also nicht ohne rechtliche Grundlage tätig werden. Der Einsatz von Predictive Policing-Instrumenten stützt sich auf die gefahrenabwehrrechtliche Aufgabe und Befugnisse der Polizei. Schranken finden sich insbesondere hinsichtlich der Datenquellen. So dürfen nach geltendem Datenschutzrecht laut der Landesbeauftragten für den Datenschutz in Niedersachsen „nur öffentlich zugängliche Daten, die keine Rückschlüsse auf individuelle Personen ermöglichen, sowie Daten der polizeilichen Lagebilder und Systeme verwendet werden." (Thiel 2015: 4674). Somit ist die Auswertung von sozialen Medien, sowie personenbezogenes Predictive Policing in Deutschland nach geltendem Recht ausgeschlossen.

Weiterhin müsse laut Thiel sichergestellt sein, dass durch Verknüpfung von Daten eine Re-Anonymisierung nicht möglich ist (ebd.). Die Datenschutzbeauftragten des Bundes und der Länder bemängeln außerdem die fehlenden Rechtsgrundlagen und weisen daher darauf hin, dass der Einsatz von Predictive Policing „nur in engen Grenzen als verfassungsrechtlich zulässig zu betrachten ist." (Bundesbeauftrage für den Datenschutz und die Informationssicherheit 2015: 2)

Neben rechtlicher Schranken birgt Predictive Policing ein inhärentes Paradoxon in sich. Denn die Berechnungen von Predictive Policing-Instrumenten basieren auf Daten, die durch eben diese reduziert werden sollen. Je präziser also die Auswertung, die ein Predictive Policing-Instrument liefert, desto größer ist der polizeiliche Erfolg. Je größer allerdings der polizeiliche Erfolg, desto weniger Daten werden angeliefert, wodurch die Auswertung wiederum unpräziser wird. „Oder anders formuliert: Es soll etwas gemessen werden, was eigentlich verhindert werden soll […]." (Bode et al. 2017: 12)

4. Evaluation von Predictive Policing-Instrumenten

4.1 Mangel an wissenschaftlichen Studien

Obwohl bereits in verschiedenen Bundesländern Predictive Policing eingesetzt wird, existieren bislang keinerlei wissenschaftliche Studien darüber. Dieser Umstand wird wohl unter anderem darin begründet sein, dass der Einsatz dieser Instrumente in Deutschland noch sehr jung ist. In vielen Ländern befinden sich die Predictive Policing-Instrumente noch in der Pilotphase. In Baden-Württemberg wurde vor kurzem die Pilotphase abgeschlossen und diese durch das Max-Planck-Institut für ausländisches und internationales Strafrecht evaluiert. Die Veröffentlichung der Ergebnisse steht allerdings noch aus (Petrick-Löhr 2017).[2]

Wie bereits anfangs dargestellt, wird Predictive Policing im englischsprachigen Raum schon seit langer Zeit eingesetzt. Einer der führenden Softwarehersteller im Bereich Predictive Policing wirbt mit diversen Zahlen von Regionen, in denen seine Software zum Einsatz kommt, wie beispielsweise der Senkung der Kriminalitätsrate in Los Angeles um 20% innerhalb eines Jahres (PredPol 2017). Allerdings sind diese Zahlen mit keinen Studien hinterlegt, die den direkten Zusammenhang zwischen dem Einsatz der Software und dem Rückgang der Kriminalität belegen. In der englischsprachigen Literatur finden sich nur sehr vereinzelt Studien zur Thematik. „What is available by way of published evaluation of predictive policing is very thin." (Moses/Chan 2016: 10). Die Zahl wissenschaftlich belastbarer Studien beschränkt sich laut Moses/Chan (2016: 10-12) auf lediglich zwei Studien.

Eine Studie, welche die Wirkung eines Predictive Policing-Instruments in Louisiana untersuchte, konnte keinen statistisch relevanten Unterschied zwischen zwei Kontrollgruppen mit und ohne Predictive Policing-Instrument feststellen (Hunt et al. 2014: 49-50). Eine weitere Studie, die in Los Angeles durchgeführt wurde, kam unter anderem zu folgendem Ergebnis: „Our results show that ETAS [epidemic-type aftershock sequence] models predict 1.4-2.2 times as much crime compared to a dedicated crime analyst using existing

---

[2] Zum Zeitpunkt der Abgabe der Arbeit lagen noch keine Ergebnisse der Studie ‚Predictive Policing als Instrument zur Prävention von Wohnungseinbruchdiebstahl. Evaluationsergebnisse zum Baden-Württembergischen Pilotprojekt P4' des Max-Planck-Institut für ausländisches und internationales Strafrecht vor. Die Ergebnisse der Studie sind in die hier vorliegende Arbeit daher nicht eingeflossen. Am 30.08.2017 wurden die Ergebnisse der Studie veröffentlicht. Diese sind beim Max-Planck-Institut einsehbar: https://www.mpicc.de/de/forschung/forschungsarbeit/kriminologie/predictive_policing_p4.html.

criminal intelligence and hotspot mapping practice." (Mohler et al. 2016: 1400). In diesem Fall wurde ein Zusammenhang zwischen dem Einsatz des Predictive Policing-Instrumentes und dem Rückgang der Kriminalität nachgewiesen (ebd.).

Der Mangel an wissenschaftlichen Studien führt dazu, dass eine abschließende Bewertung, wie sinnvoll der Einsatz von Predictive Policing in Deutschland zur operativen Steuerung in der Polizei ist, derzeit nicht erfolgen kann. In der Folge soll daher dargestellt werden, welche Evaluationen notwendig sind, um eine weitere Bewertung durchführen zu können.

4.2   Evaluation der Genauigkeit des Instruments

Bezugnehmend auf Abbildung 1 kann im Rahmen der Evaluation unterteilt werden in die Evaluation der Schritte eins bis drei und der Evaluation der Wirkung des Einsatzes von Predictive Policing, also den Schritten vier und fünf. Bei der Evaluation der Schritte eins bis drei wird untersucht, wie genau die Wahrscheinlichkeitsberechnung des Instrumentes ist. Die beiden Evaluationen müssen dabei voneinander getrennt durchgeführt werden (Moses/Chan 2016: 10f.). Konsequenterweise sollte die Evaluation der Genauigkeit des Instruments der Wirkungsevaluation vorangestellt werden, da nur anhand verlässlicher Berechnungen überhaupt das taktische Vorgehen effektiv ausgerichtet werden kann.

Ziel der Wahrscheinlichkeitsberechnung ist es, mit möglichst großer zeitlicher und räumlicher Präzision die Begehung einer Straftat zu prognostizieren. Um die Genauigkeit des Instruments zu evaluieren, ist es notwendig, zunächst keine Maßnahmen aufgrund der Ergebnisse der Analyse zu ergreifen, da eine Vergleichbarkeit sonst nicht möglich ist. Zunächst wird also lediglich die Analyse bis zur Prognoseberechnung (Schritt 3) vorgenommen. Das Ergebnis sind Wahrscheinlichkeitswerte, wann und wo eine Straftat begangen werden könnte. Nach einem vorher definierten Zeitraum werden dann die berechneten Werte mit den tatsächlich erfassten Straftaten abgeglichen. Weiterhin erfolgt ein Abgleich mit Werten, die die Analysten mit herkömmlichen Methoden erlangt haben, wie beispielsweise durch Crime Mapping[3]. Als Ergebnis dieser Evaluation kann festgestellt werden, wie präzise das Predictive Policing-Instrument ist und ob dieses zuverlässigere Daten als die herkömmlichen Analyseverfahren bietet.

---

[3] Beim Crime Mapping-Verfahren werden begangene Straftaten mit Geodaten verknüpft und auf einer Karte dargestellt. Dadurch können Hotspots für bestimmte Deliktsfelder erkannt werden.

Untersuchungen dieser Art in Washington D.C. haben gezeigt, dass die Prognoseberechnung des dort verwendeten Predictive Policing-Instruments meist zuverlässigere Werte liefert, als herkömmliche Methoden, bei bestimmten Deliktfeldern der Unterschied jedoch marginal ist (Perry et al. 2013: 114f.). Dieses Ergebnis ist selbstverständlich nicht allgemein übertragbar, sondern jedes Predictive Policing-Instrument bedarf einer eigenständigen Untersuchung, um dessen Genauigkeit zu überprüfen.

4.3 Wirkungsevaluation

Deutlich schwieriger gestaltet sich die Evaluation der Wirkung bzw. des Outcomes des Einsatzes von Predictive Policing. Häufig werben entsprechende Softwarehersteller, wie bereits oben erwähnt, mit vielversprechenden Zahlen, wie stark sich Kriminalitätszahlen seit dem Einsatz ihrer Software reduziert haben. Dass das Ziel von Predictive Policing die Senkung der Kriminalitätszahlen ist, liegt auf der Hand. Diese Zahlen sind jedoch mit größter Vorsicht zu betrachten. Denn es existiert eine Vielzahl von Faktoren, die die Menge an Straftaten beeinflusst. Hierzu zählen beispielsweise Arbeitslosenzahlen, Bildungsstand der Bevölkerung, Anzeigeverhalten und Präventionsmaßnahmen, um nur einige wenige zu nennen. All diese Faktoren können sich bei einer Untersuchung zur Wirkung von Predictive Policing zu Störvariablen entwickeln. Dies macht die Evaluation so schwierig. In Deutschland kommen Predictive Policing-Instrumente zum Einsatz, seit die Einbruchszahlen stark angestiegen sind (Niedersächsisches Ministerium für Inneres und Sport 2016). Mit dem Anstieg der Einbruchszahlen setzt die Polizei jedoch meist mit mehreren Ansätzen an. So wird beispielsweise die Bevölkerung sensibilisiert, um sich baulich besser gegen Einbrüche zu schützen und zeitgleich kommt Predictive Policing zum Einsatz. Diese zeitgleiche Durchführung mehrerer Ansätze macht eine Vergleichbarkeit äußerst schwierig.

Als Methode für die Evaluation des Outcomes im Zusammenhang mit Einbruchskriminalität bietet sich die Vorgehensweise der oben genannten Studie in Louisiana an. Bei dieser Studie wurden drei Wohngegenden, in denen Predictive Policing angewendet wurde, mit drei Wohngegenden verglichen, in denen die Polizeiarbeit wie bisher fortgeführt wurde (Moses/Chan 2016: 11; Hunt et al. 2014). Wichtig ist dabei, dass die ausgesuchten Wohngegenden miteinander vergleichbar sind. Aus diesem Grund wurden bei der vorgestellten Studie jeweils eine Wohngegend mit niedrigem, mittlerem und hohem Kriminalitätsaufkommen zufällig ausgewählt (ebd.). Was im Rahmen einer Untersuchung nicht außer Acht gelassen werden darf, ist der Verdrängungseffekt. Liegen die zu vergleichenden Wohngegenden zu nah beieinander könnte das Ergebnis durch Verdrängungseffekte verfälscht werden. Aus diesem Grund eignen sich zu kleine Städte oder Gegenden gegebenenfalls nicht für eine effektive Wirkungsevaluation.

In diesem Zusammenhang bleibt abzuwarten, welche Methoden bei den ersten Untersuchungen zu den in mehreren Bundesländern durchgeführten Pilotprojekten angewendet wurden und welche Ergebnisse diese vorweisen. Die Evaluation, die für die Software PRECOBS in Baden-Württemberg durchgeführt wurde, erfolgte ohne eine Evaluation der Genauigkeit des Instruments.[4] Dort wurden „kleinräumige Analysen zur Fallentwicklung und statistische Modelle zum Auftreten von Folgedelikten auf ein Initialdelikt im Rahmen eines PRECOBS-Alarms"[4] durchgeführt. Außerdem wurde untersucht „ob die Anzahl signifikanter Near-Repeat-Muster rückläufig war."[4] Da die Ergebnisse dieser Untersuchungen noch nicht vorliegen, kann eine Bewertung dieser noch nicht erfolgen.[2] Kritisch zu beurteilen ist hierbei allerdings bereits, dass eine Evaluation der Genauigkeit der PRECOBS-Software ausgeblieben ist.

5. Fazit

Im Rahmen der Arbeit konnte gezeigt werden, dass Predictive Policing bereits in verschiedenen Regionen Deutschlands zur Bekämpfung der Einbruchskriminalität eingesetzt wird. Dabei setzen die jeweiligen Polizeien der Länder auf unterschiedliche Software, die teils selbst entwickelt oder eingekauft wurde. Als problematisch ist dabei die fehlende Vernetzung zwischen den Ländern zu bewerten, welche die Effektivität von Predictive Policing erheblich beeinträchtigen kann.

Predictive Policing ist zu großen Teilen eine Controlling-Aufgabe. Der Prozess der Datensammlung, -aufbereitung und -auswertung obliegt dem Controlling. Als Ergebnis dieses Controlling-Prozesses werden Wahrscheinlichkeitswerte geliefert, wann und wo Straftaten begangen werden könnten. Wie diese Werte einsatztaktisch verwertet werden fällt jedoch nicht mehr in den Aufgabenbereich des Controllings.

---

[4] Schriftverkehr vom 03.07.2017 mit dem Projektleiter des Projekts ‚Predictive Policing als Instrument zur Prävention von Wohnungseinbruchdiebstahl. Evaluationsergebnisse zum Baden-Württembergischen Pilotprojekt P4' des Max-Planck-Institut für ausländisches und internationales Strafrecht.

Das Potential von Predictive Policing ist in Deutschland noch bei weitem nicht ausgeschöpft. So könnten weitere Daten in die Prognoseberechnung einfließen, personenbezogenes Predictive Policing durchgeführt werden und insbesondere weitere Kriminalitätsfelder erschlossen werden. Häufig stellt der Datenschutz eine rechtliche Barriere dar, die einer grenzenlosen Datenverarbeitung entgegensteht. Auch werden noch fehlende Rechtsgrundlagen zur Anwendung der Instrumente bemängelt.

Das Potential, welches Predictive Policing mit sich bringt spricht für dessen Einsatz in Deutschland. Um jedoch abschließend bewerten zu können, wie sinnvoll der Einsatz von Predictive Policing in Deutschland ist, fehlen derzeit noch wissenschaftliche Studien, die die Genauigkeit der Predictive Policing-Instrumente und deren Wirksamkeit untersuchen. Die wenigen wissenschaftlichen Studien im englischsprachigen Raum ermöglichen noch keine valide Aussage darüber, ob Predictive Policing in Deutschland eingesetzt werden sollte. Es ist daher zunächst notwendig, zu untersuchen, wie präzise die in Deutschland eingesetzten Instrumente arbeiten. Dazu bietet es sich an, die Berechnungen der jeweiligen Software mit den tatsächlichen Kriminalitätszahlen abzugleichen, noch bevor die Einsatztaktik an den Berechnungen ausgerichtet wurden. Nachdem die Genauigkeit des Instruments untersucht wurde, erfolgt die Wirkungsevaluation. Bei dieser müssen insbesondere die zahlreichen Faktoren beachtet werden, die Einfluss auf die Kriminalitätszahlen haben.

Auf dem Gebiet des Predictive Policing ist noch erhebliche Forschungsarbeit notwendig, bevor abschließend bewertet werden kann, ob sich deren Einsatz in Deutschland lohnt oder sinnvoll ist. Der bisher gewählte Ansatz, zunächst Pilotprojekte durchzuführen und diese anschließend zu evaluieren ist hierbei positiv zu bewerten. Die Ergebnisse der ersten abgeschlossenen Pilotprojekte sind in nächster Zukunft zu erwarten, denen sich eine erneute Bewertung anschließen sollte.[2]

Literaturverzeichnis

Bratton, William J./Malinowski, Sean W. (2008): Police Performance Management in Practice: Taking COMPSTAT to the Next Level, in: Policing 2: 259-265.

Bode, Felix/Stoffel, Florian/Keim, Daniel (2017): Variabilität und Validität von Qualitätsmetriken im Bereich von Predictive Policing, Onlinequelle: https://kops.uni-konstanz.de/handle/123456789/38312 (Abrufdatum: 28.06.2017), veröffentlicht: April 2017.

Bundesbeauftrage für den Datenschutz und die Informationssicherheit (2015): Big Data zur Gefahrenabwehr und Strafverfolgung: Risiken und Nebenwirkungen beachten, Onlinequelle: https://www.bfdi.bund.de/SharedDocs/Publikationen/Entschliessungssammlung/DSB undLaender/89DSK-BigData.html (Abrufdatum: 28.06.2017), veröffentlicht: 19.03.2015.

Chaszczewski, Michael (2015): Community Crime Mapping: Increasing Predictive Policing with Dynamic Symbol Sets, Onlinequelle: http://scholarworks.rit.edu/theses/8693/ (Abrufdatum: 29.06.2017), veröffentlicht: 20.05.2015.

Christiansen, Frank (2015): Der Mann, der Einbrüche vorhersagen kann, Onlinequelle: https://www.welt.de/regionales/nrw/article136156938/Der-Mann-der-Einbrueche-vorhersagen-kann.html (Abrufdatum: 26.06.2017), veröffentlicht: 08.01.2015.

Der Polizeipräsident in Berlin (Hrsg.) (2016): Kollege Computer hilft bei der Kriminalitätsprognose, Onlinequelle: http://www.berlin.de/polizei/polizeimeldungen/pressemitteilung.507506.php, veröffentlicht: 10.08.2016.

Deutscher Bundestag (Hrsg.) (2015): Antwort der Bundesregierung auf die Kleine Anfrage der Abgeordneten Andrej Hunko, Jan Korte, Christine Buchholz, weiterer Abgeordneter und der Fraktion DIE LINKE, Drucksache 18/3703 vom 07.01.2015, Berlin.

Friend, Zach (2013): Predictive Policing: Using Technology to Reduce Crime, Onlinequelle: https://leb.fbi.gov/2013/april/predictive-policing-using-technology-to-reduce-crime (Abrufdatum: 27.06.2017), veröffentlicht: 04.09.2013.

Hessisches Ministerium des Innern und für Sport (Hrsg.) (2016): Innenminister Peter Beuth stellt Prognose-Software „KLB-operativ" vor, Onlinequelle: https://www.hessen.de/presse/pressemitteilung/innenminister-peter-beuth-stellt-prognose-software-klb-operativ-vor (Abrufdatum: 26.06.2017), veröffentlicht: 20.07.2016.

Hunt, Priscillia/Saunders, Jessica/Hollywood, John S. (2014): Evaluation of the Shreveport Predictive Policing Experiment, RAND: Santa Monica.

Ministerium für Inneres und Kommunales des Landes Nordrhein-Westfalen (Hrsg.) (2017): NRW-Einbruchszahlen gehen im ersten Quartal 2017 30% zurück - Neue Prognose-Software eingesetzt, Onlinequelle: http://www.mik.nrw.de/startseite/kampf-gegen-einbrueche/skala.html (Abrufdatum: 26.06.2017).

Mohler, G.O./Short, M.B./Malinowski, Sean/Johnson, Mark/Tita, G.E./Bertozzi, Andrea L./Brantingham, P.J. (2016): Randomized Controlled Field Trials of Predictive Policing, in: Journal of the American Statistical Association 110: 1399-1411.

Montag, Tobias (2016): Der Algorithmus des Verbrechens - Potential und Grenzen von „Predictive Policing", in: Analysen und Argumente 215: 1-8.

Moses, Lyria Bennett/Chan, Janet (2016): Algorithmic prediction in policing: assumptions, evaluation, and accountability, in: Policing and Society 26: 1-17.

Niedersächsisches Ministerium für Inneres und Sport (Hrsg.) (2016): Polizei Niedersachsen geht neue Wege: Mit PreMAP gegen Einbrecher, Onlinequelle: http://www.mi.niedersachsen.de/aktuelles/presse_informationen/polizei-niedersachsen-geht-neue-wege-premap-149243.html (Abrufdatum: 27.06.2017), veröffentlicht: 05.12.2016.

Pease, Ken/Tseloni, Andromachi (2014): Using Modeling to Predict and Prevent Victimization, New York: Springer.

Petrick-Löhr, Christina (2017): Precobs im Einsatz: „Minority Report" lässt grüßen, Onlinequelle: https://www.welt.de/sonderthemen/wohnen/article162945232/Precobs-im-Einsatz-Minority-Report-laesst-gruessen.html (Abrufdatum: 24.06.2017), veröffentlicht: 27.03.2017.

PredPol (Hrsg.) (2017): Proven Crime Reduction Results, Onlinequelle: http://www.predpol.com/results/ (Abrufdatum: 24.06.2017).

Preißler, Peter R. (2014): Controlling - Lehrbuch und Intensivkurs, 14. Auflage, München: Oldenbourg Wissenschaftsverlag.

Saunders, Jessica/Hunt, Priscillia/Hollywood, John S. (2016): Prediction put into practice: a quasi-experimental evaluation of Chicago's predictive policing pilot, in: Journal of Experimental Criminology 12: 347-371.

Schweer, Thomas (Hrsg.) (2017a): Bayern, Onlinequelle: http://www.ifmpt.de/lka-bayern/ (Abrufdatum: 27.06.2017).

Schweer, Thomas (Hrsg.) (2017b): Baden-Württemberg, Onlinequelle: http://www.ifmpt.de/baden-wuerttemberg/ (Abrufdatum: 27.06.2017).

Seele, Peter (2017): Predictive Sustainability Control: A review assessing the potential to transfer big data driven 'predictive policing' to corporate sustainability management, in: Journal of Cleaner Production 153: 673-686.

Shapiro, Aaron (2017): Reform predictive policing, in: Nature 541: 458-460.

Thiel, Barbara (2015): LfD Niedersachsen: Stigmatisierung der Betroffenen bei Predictive Policing, in: Zeitschrift für Datenschutz: 4674.

Wells, William/Wu, Ling (2011): Proactive Policing Effects on Repeat and Near-Repeat Shootings in Houston, in: Police Quarterly 14(3): 298-319.